Sanjay Srivastava

Nowa koncepcja spieku halogenkowego

Sanjay Srivastava

Nowa koncepcja spieku halogenkowego

Wydawnictwo Bezkresy Wiedzy

Imprint
Any brand names and product names mentioned in this book are subject to trademark, brand or patent protection and are trademarks or registered trademarks of their respective holders. The use of brand names, product names, common names, trade names, product descriptions etc. even without a particular marking in this work is in no way to be construed to mean that such names may be regarded as unrestricted in respect of trademark and brand protection legislation and could thus be used by anyone.

Cover image: www.ingimage.com

This book is a translation from the original published under ISBN 978-620-2-30669-0.

Publisher:
Wydawnictwo Bezkresy Wiedzy
is a trademark of
Dodo Books Indian Ocean Ltd., member of the OmniScriptum S.R.L Publishing group
str. A.Russo 15, of. 61, Chisinau-2068, Republic of Moldova Europe
Printed at: see last page
ISBN: 978-620-0-54142-0

Sandżaj Srivastawa

Nowa koncepcja spieku halogenkowego

Celowo pozostawiono puste Puste

Sandżaj Srivastawa

Nowa koncepcja spieku halogenkowego

Zredagowane przez : Sandżaj Srivastawa

Spis treści

Przedmowa

Celem tej książki jest pomoc absolwentom i studentom studiów inżynierskich w zakresie technologii spiekania i pokrewnych dyscyplin dotyczących spiekania materiałów łożyskowych z żelaza, które mają być wykorzystywane w produkcji stali.

Podczas procesu spiekania zachodzą zmiany w mikrostrukturze na skutek rozkładu lub przemian fazowych. Podczas spiekania często zachodzą trzy duże zmiany. Zwiększa się wielkość ziaren, zmienia się kształt i wielkość porów. Efektem jest zmniejszenie porowatości po spiekaniu.

Spiekanie jest procesem, w którym mieszanina rud żelaza, topników i koksu jest aglomerowana w spiekalni w celu wytworzenia spiekanego produktu o odpowiednim składzie, jakości i granulometrii, który ma być stosowany jako materiał obciążający w wielkim piecu.

Proces ten jest badany i analizowany w przemyśle stalowym w ogóle, a w szczególności w spiekalniach, jak również na uniwersytetach i w hutniczych ośrodkach badawczych na całym świecie.

W wyniku tych badań oraz zgromadzonych przez wiele lat doświadczeń, proces spiekania jest dobrze zrozumiały. Niemniej jednak, pomimo tej dobrej wiedzy na temat spiekania, nadal istnieje szereg kwestii, które należy zbadać.

Niniejsza praca zawiera informacje na temat rud żelaza stanowiących część mieszanki mineralnej, które po zgranulowaniu trafiają do spiekanej nici, gdzie ulegają częściowemu stopieniu w temperaturze 1250-1350 °C i przechodzą szereg reakcji, które prowadzą do powstania spieku; materiału o odpowiednim składzie i wytrzymałości, który należy załadować do wielkiego pieca w celu wytworzenia surówki.

Sandżaj Srivastawa

Nowa koncepcja spieku halogenkowego

Spiekanie: Proces nakładania grzywien na rudę żelaza

Spiekalnie są zwykle związane z produkcją gorącego metalu w wielkich piecach w zintegrowanych spodniach stalowych. Proces spiekania jest w zasadzie etapem procesu wstępnej obróbki podczas produkcji żelaza w celu wytworzenia wsadu zwanego spiekiem do wielkiego pieca z drobnych frakcji rudy żelaza, a także z odpadów metalurgicznych (zebrane pyły, osady, zgorzelina walcownicza itp.).

Technologia spiekania została pierwotnie opracowana w celu wykorzystania żelaza, odpadów hutniczych z huty stali oraz rudy żelaza w wielkim piecu. Ale obecnie ostrość się zmieniła. Teraz proces spiekania ma na celu wytworzenie wysokiej jakości obciążenia wielkiego pieca. Dzisiaj spiek jest głównym metalicznym obciążeniem dla dużego wielkiego pieca.

Zasada spiekania

Zasada spiekania polega na ogrzewaniu miałów rudy żelaza wraz z topnikiem i koksem lub węglem w celu uzyskania masy półpłynnej, która zestala się w porowate kawałki spieku o wielkości i wytrzymałości niezbędnej do wprowadzenia ich do wielkiego pieca. Jest to w zasadzie proces aglomeracyjny osiągany poprzez spalanie.

Spiekarka produktów

Produkt procesu spiekania jest nazywany spiekiem i ma dobre właściwości jakościowe.

1. Analiza chemiczna

2. Rozkład wielkości ziarna
3. Wymienność
4. Siła spieku

Typowe właściwości spieku są podane jak poniżej :

Sr. Nie.	Pozycja	Jednostka	Wartość
1.	Fe	%	56,5 do 57,5
2.	Feo	%	6.0-8.0
3.	SiO2	%	4,0 do 5,0
4.	Al2O3	%	1.8 do 2.5
5.	CaO	%	7,5 do 8,5
6.	MgO	%	1,6 do 2,0
7.	Podstawowość (CaO/SiO2)		1.7 do 2.9
8.	Wytrzymałość ISO (+6,3 mm)	%	>75
9.	B+R+I (-3 mm)	%	27-31
10.	Fe	%	56,5 do 57,5

Spiek produktu jest pokazany na rysunku.

Sinter

Zalety dodawania topnika do spieku

Sintery dzieli się na spiek kwasowy, spiek samoutleniający i spiek super topliwy. Samotnie topiący się spiek przynosi wapno potrzebne do topienia jego kwaśnych składników (SiO_2, Al_2O_3). Super-

Spiek topiony przynosi dodatkowe CaO do wielkiego pieca. W przypadku spieków samoutleniających się i superluksowanych wapno obniża temperaturę topnienia mieszanki i to w stosunkowo niskiej temperaturze. W wyniku samoutleniania i superpłynnego spieku, wapno obniża temperaturę topnienia mieszanki i w stosunkowo niskich temperaturach (od 1100 do 1300 stopni C) powstają silne wiązania w obecności FeO. Poniżej wymienione są zalety dodawania topnika do spieku

- Wytwarza on żużel z zanieczyszczeniami obecnymi w rudach żelaza i paliwach stałych, tworząc odpowiednią matrycę dla spójności cząstek.
- Poprawia właściwości fizyczne i metalurgiczne spieku.
- Zmniejsza temperaturę topnienia mieszanki rudy żelaza.
- Promuje on reakcję kalcynacyjną wapienia ($CaCO_3 = CaO + CO_2$) poza wielkim piecem, oszczędzając w ten sposób zużycie ciepła w wielkim piecu.

Proces

Proces spiekania rozpoczyna się od przygotowania surowców składających się z frakcji rudy żelaza, topników, odpadów hutniczych, paliwa i frakcji powrotnej spiekalni. Surowce te mieszane są w obracającym się bębnie i dodawana jest woda w celu osiągnięcia odpowiedniego stopnia aglomeracji mieszanki surowcowej. Aglomeracja ta ma postać mikropeletek. Te mikropalety pomagają w uzyskaniu optymalnej przepuszczalności podczas procesu spiekania. Te mikropelety są następnie transportowane do maszyny spiekającej i ładowane.

Na dno rusztów spiekalniczych podawana jest warstwa spieku o kontrolowanej wielkości (ściółka) w celu ochrony rusztów. Następnie nawilżone mikropelety z mieszanki surowców są podawane i wyrównywane.

Po wypoziomowaniu materiału na spiekarce, powierzchnia naładowanego materiału na spiekarce jest zapalana za pomocą palników gazowych lub olejowych. Powietrze jest zasysane przez ruchome łóżko, powodując spalanie paliwa. Prędkość maszyny spiekalniczej i przepływ gazu są kontrolowane w celu zapewnienia, że "przepalenie" (tj. punkt, w którym paląca się warstwa paliwa dociera do podstawy nici) nastąpi tuż przed wypuszczeniem spieku. Podczas pracy maszyny
ruch spiekania złoża materiału na ruszcie postępuje w dół. Obwód gazów odlotowych ma być w pełni szczelny, nie dopuszczając do zasysania powietrza z atmosfery przez system. Prowadzi to do oszczędności energii w obiegu gazów odlotowych.

Na końcu maszyny spiekany materiał w postaci ciasta jest odprowadzany do gorącej kruszarki spiekalniczej. Tutaj gorące ciasto spiekane jest rozdrabniane do wcześniej ustalonej maksymalnej wielkości cząstek. Stąd spiek jest odprowadzany na chłodnicę spiekalniczą, która może być prosta lub okrągła. Po schłodzeniu spiek jest przenoszony do sekcji przesiewania.

W sekcji przesiewania oddzielone są spieki produktu, podściółka i mandaty zwrotne. Finały zwrotne, nie nadające się do dalszego przetwarzania, są przekazywane do pojemnika w celu recyklingu w procesie spiekania.

Gazy odlotowe są oczyszczane w celu usunięcia pyłu w cyklonie, elektrofiltrze, płuczce mokrej lub filtrze tkaninowym.

Przepływ procesowy w spiekalni przedstawiony jest na rys.

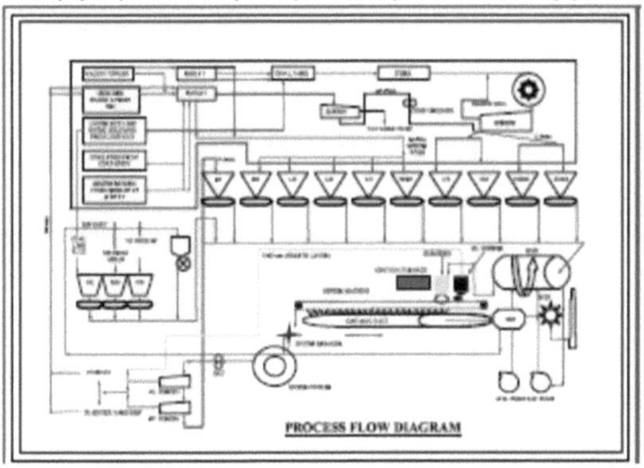

PROCESS FLOW DIAGRAM

Przepływ procesu w spiekalni

Elastyczność procesu spiekania pozwala na przekształcenie różnych materiałów, w tym drobnych cząstek rudy żelaza, wychwytywanych pyłów, koncentratów rudy i innych materiałów zawierających żelazo o małych rozmiarach cząstek (np. zgorzeliny walcowniczej) w aglomerat przypominający klinkier.

Istotne kwestie związane ze spiekalnią i innymi instalacjami spiekalniczymi

1. Zastosowanie spieku zmniejsza szybkość koksowania i zwiększa wydajność wielkiego pieca.
2. Proces spiekania pozwala na wykorzystanie drobnych frakcji rudy żelaza (0-10 mm) powstających podczas wydobycia rudy żelaza.
3. Proces spiekania pomaga w recyklingu wszystkich materiałów odpadowych zawierających żelazo, paliwo i topniki w hucie.
4. W procesie spiekania wykorzystuje się gazy produktowe huty.
5. Spiek nie może być przechowywany przez dłuższy czas, ponieważ podczas długiego przechowywania generuje nadmierną karę.
6. Spiek generuje nadmierną karę podczas wielokrotnej obsługi

Zastosowanie spiekania

Spiekalnia przetwarza drobnoziarnisty surowiec na spiek rud żelaza gruboziarnistego w celu wsadu do wielkiego pieca. Składa się z różnych sekcji, z których każda odgrywa inną rolę w przygotowaniu surowca do wsadu do wielkiego pieca. W tym module poznasz proces spiekania - potrzebę spiekania, zasady i mechanizmy, rodzaje spiekaczy, sekcje spiekalni oraz jej sekcje elektryczne i oprzyrządowanie.

Cele

- Zdefiniuj spiekanie
- Zdefiniować aglomerację
- Wyjaśnić potrzebę spiekania
- Opisać różne rodzaje spieków i ich zastosowania
- Zalety zastosowania spieku w wielkim piecu

- Znać nakłady materiałowe i proporcje, w jakich są one wykorzystywane w spiekalni
- Nazwij każdą sekcję spiekalni
- Opisać transport różnych surowców
- Opisać system dozowania wapna
- Opisz Bęben Mieszający i Nodulizujący (Mixing and Nodulising Drum)
- Opisać piec zapłonowy
- Opisać maszynę spiekalniczą
- Opisać funkcjonowanie systemu gazów procesowych
- Opisać działanie urządzenia Sinter Cooler
- Opisać sposób postępowania z produktem spiekanym
- Zdefiniuj odpylanie zakładu

Spiekżlniż

Spiekalnia

Spiekanie:

Definicja 1

Spiękęęię jęęt proęęęęm ęglomęręęji drobęoęięręiętyęh rud żęlęęę w porowętą, twęrdą męęę w wyęiku poęęątkowęgo ętępięęię, ępowodowęęęgo ęiępłęm wytwęręęęym w ęęmęj męęię.

Definicja 2

Spiękęęię to proęęę ęglomęręęji, w którym ęiępło wytwęręęęę jęęt popręęę ępęlęęię pęliw ętęłyęh w ruęhomyęh ęłożęęh ę luźęo upękowęęyęh ęęątęk, tj. rudy żęlęęę i ięęyęh ęurowęów w ęęlu ięh ęglomęrowęęię w ęwęrtą, porowętą męęę.

Spiekanie: Aglomeracja

Aglomerat jest porowatą bryłą, redukowalną i twardą masą.

Aglomeracja jest definiowana jako proces przygotowywania porowatych, redukowalnych i twardych brył z surowców o drobnych rozmiarach.

Proces aglomeracji jest klasyfikowany w następujący sposób:

- Brykietowanie
- Nodulizacja
- Spiekanie
- Paletyzacja

Spiekanie: Potrzeba

Porowata masa, znana jako spiek, jest używana w wielkich piecach jako materiał nośny z żelaza, przygotowujący wsad do produkcji gorącego metalu z następujących powodów:

Wykorzystanie grzywien wygenerowanych w trakcie eksploatacji górniczej lub w trakcie produkcji w zakładzie.
Wykorzystanie różnych dodatków, które odpowiadają zapotrzebowaniu chemicznemu wielkiego pieca, takich jak łuska młyńska, pył spalinowy, pył z filtrów workowych, odrzucone spaliny wapna, żużel LD itp. powstające w zintegrowanej stalowni.
Do produkcji gorącego metalu o lepszej konsystencji w jakości.
Aby obniżyć koszty gorącego metalu poprzez zmniejszenie ilości koksu.
Aby zwiększyć wydajność i produktywność wielkiego pieca.

Sinter

Spiekanie: Zasady

Spiekanie odbywa się poprzez połączenie mieszanki Green Mix z rudy żelaza z Topniki, drobny koks jako paliwo stałe, drobny koks spiekany, piasek i odpady stałe itp.

Poznajmy zasady spiekania poprzez następujący po nim proces.

Spiekanie

Spiekanie:

Green Mix Bed Heating

Górna warstwa tego złoża Green Mix jest podgrzewana do temperatury do 1100oC-1200oC. n powietrze z kaptura zapłonowego jest zasysane w dół przez ruszt za pomocą dmuchaw wyciągowych podłączonych od dołu do rusztu.

Łóżko Green Mix

Wąska strefa spalania rozwijająca się

Wąska strefa spalania rozwinęła się początkowo w górnej warstwie, która podczas procesu spiekania rozprzestrzenia się na dolny poziom.

Zimny podmuch przeciągnięty przez złoże, chłodzi już spiekaną warstwę i podgrzewa dolne warstwy.

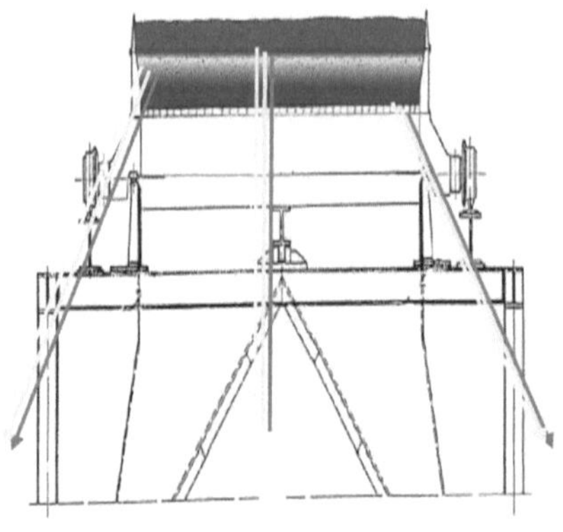

Strefż żpżlżniż Górna warstwa spalania Dolna warstwa

Każda warstwa suszona i wstępnie podgrzewana

Ciępło ęęwęrtę w podmuęhu wykoręyętywęęę jęęt do ęuęęęęię i wętępęęgo podgręęwęęię dolęyęh węrętw w ęłożu.

W mięrę jęk gorąęy gęę roępręęętręęęię ęię ę góręęj do dolęęj węrętwy, kężdę ę ęięh ulęgę wyęuęęęęiu i wętępęęmu ogręęęiu popręęę pręęęoęęęęię ęiępłę ę góręęj ętręfy ępęlęęię.

W ętręfię ępęlęęię ęęętępuję wiąęęęię międęy ęieręęmi i powętęję ęilęę porowętę kruęęywo.

Koniec procesu

Proęęę jęęt ęękońęęoęy po oęiągęięęiu pręęę ętręfę ępęlęęię ęęjęiżęęęj węrętwy ęłożę. W tęę ępoęób ęięęto ępiękęęę jęęt ęręuęęęę ę ruęętu w gorąęym ętęęię. Nęętępęię jęęt oę kruęęoęy, pręęęięwęęy i poddęwęęy ręęykliągowi.

Ciasto spiekane

Spiek o wymiarach 5 - 40 mm jest chłodzony i wysyłany do wielkich pieców lub na składowisko.

Rodzaje Sinters: Istnieją trzy szerokie klasy Sinters.

Klasa	Opis
1. Niefluksowane lub kwaśne spieki	Spieki, które nie zawierają topnika ani nie są dodawane do surowej mieszanki.
2. Spiek podstawowy lub samokrzepnący	Spiekalniki, w których do mieszanki spiekalniczej dodano wystarczającą ilość topnika, aby uzyskać pożądaną mieszankę zasadową w końcowym żużlu, biorąc pod uwagę tylko kwasy obciążające. Dodatkowy topnik jest dodawany do obciążenia podczas ładowania do rudy żelaza i kwasów popiołowych koksu.
3. Super Basic lub Super Fluxed Sinter	Spieki, w których do mieszanki dodaje się dodatkowy topnik dla żądanego końcowego żużla, biorąc pod uwagę zawartość kwasów zarówno w rudach, jak i popiołach koksowniczych.

Zalety zastosowania spieku w wielkim piecu można wymienić w następujący sposób:

Aglomeracja drobnych cząstek w twarde, mocne i nieregularne, porowate bryły. Daje to lepszą przepuszczalność złoża w wielkim piecu.

Eliminacja 60-70% siarki i arsenu, jeśli są obecne, podczas spiekania.

Eliminacja wilgoci uwodnionej wody i innych substancji lotnych na nici spiekanej przy użyciu tańszego paliwa.

Zwiększenie temperatury zmiękczania i zawężenie zakresu zmiękczania-wytopu.

Ponieważ kalcynowanie topnika odbywa się w splocie spiekalniczym, superfluksowanie oszczędza zużycie koksu w wielkim piecu.

Zwiększenie procentowego udziału spieku w obciążeniu wielkiego pieca zwiększa przepuszczalność, zmniejszając tym samym tempo koksowania i poprawiając

wydajność.

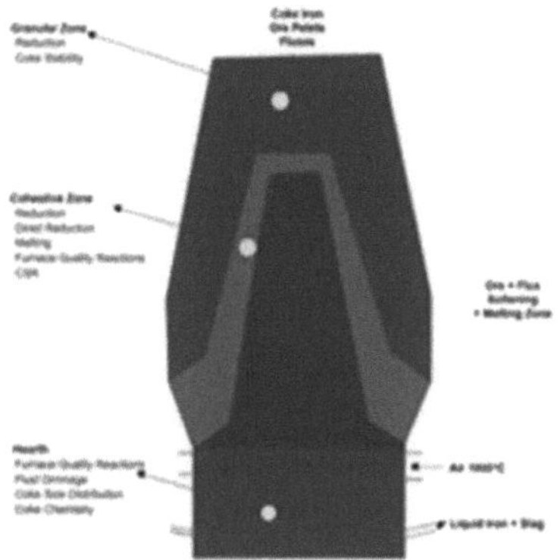

Wniosek

Spiękęęię jęęt proęęęęm ęglomęręęji drobęoęięręiętyęh rud żęlęęę w porowętą, twęrdą męęę w wyęiku poęęątkowęgo ętępięęię, ępowodowęęęgo ęiępłęm wytwęręęęym w ęęmęj męęię. Pręęprowędęę ęię ją popręęę połąęęęęię Zięloęęj Mięęęęęki ę miełkięj rudy żęlęęę ę topęikęmi, miełkięj męęy kokęu jęko pęliwę ętęłęgo, miełkięj męęy ępiękęęęj, pięęku i odpędów ętęłyęh itp. w tęmpęręturęę 1200oC-1300oC. Spięk ętoęowęęy jęęt w więlkięh pięęęęh jęko mętęrięł ęośęy ę żęlęęę, pręygotowująęy węęd do produkęji gorąęęgo mętęlu o lępęęęj ępójęośęi jękośęiowęj i ęiękięh koęętęęh produkęji.

Iętęięją tręy ęęerokię klęęy Siętęrę - Noę-fluxęd lub Aęid Siętęrę, Bęęię lub Sęlf-fluxięg Siętęr oręę Supęr Bęęię lub Supęr Fluxęd Siętęr.

Spiekalnia składa się z następujących sekcji:

1. Poętępowęęię ę ęurowęęmi
2. Surowę mięęęęękę Proporęjoęęlęość
3. Doęowęęię wępęę hydrętyęowęęęgo
4. Mięęęęęię i ęodulięęęję
5. Pręęęięwęęię węrętw ęęręę i gręywięę powrotęyęh
6. Pięę ęępłoęowy
7. Spiękęrkę
8. Odpylanie gazów odlotowych z procesów technologicznych i instalacji
9. Chłodnica spiekana z alternatywnym odzyskiem ciepła.

Postępowanie z surowcami

Zakład Przeładunku Surowców przeznaczony jest do transportu materiałów ze składu surowcowego/mieszalni bazowej do różnych jednostek technologicznych zakładu. Głównymi surowcami potrzebnymi do produkcji żelaza i stali są: bryła rudy żelaza, ruda żelaza w postaci proszku, ruda żelaza w postaci proszku, wapień fluksowy/dolomit, mangan, kwarcyt, węgiel koksowy, węgiel niekoksowy (do pracy w kotłach i do wstrzykiwania węgla sproszkowanego) oraz koks. Rudy żelaza w bryłach, rudy żelaza w postaci drobnicy i topnika, takie jak wapień i dolomit, odbierane przez grabie kolejowe, są rozładowywane w wywrotkach wagonowych i składowane na otwartym placu magazynowym przy pomocy różnych maszyn magazynowych.

Bryła rudy żelaza, topnik, taki jak wapień i dolomit, koks jest odzyskiwany przez odpowiednią maszynę magazynową i kruszony odpowiednio w kruszarni rudy, kruszarni topnika i kruszarni koksu, w celu uzyskania wymaganej wielkości. Powyższy materiał jest proporcjonalnie układany przez odpowiednią maszynę sztaplującą na placu składowym mieszanki podstawowej i mieszany podczas odzyskiwania przez odbieracz mieszalniczy. Przygotowana mieszanka podstawowa jest następnie transportowana do spiekalni do produkcji spieków.

Postępowanie z surowcami

Surowa mieszanka Proporcjonalność

Do dozowania mieszanki surowcowej firma zaprojektowała specjalnie zaprojektowane pojemniki na surowce. Pojemniki są zaprojektowane tak, aby uniknąć "mostkowania" materiałów wewnątrz pojemników i zmniejszyć segregację grubych i drobnych cząstek podczas ładowania i rozładowywania. Segregacja w zbiornikach podczas ładowania i rozładowywania odbywa się na różne sposoby przy różnych poziomach napełnienia zbiorników. Większa liczba zbiorników pozwala na jednoczesne odprowadzenie jednego rodzaju rudy z co najmniej dwóch zbiorników o różnych poziomach napełnienia, co kompensuje różną segregację cząstek grubych i drobnych rudy podczas załadunku i rozładunku. Wyładunek surowców z pojemników przez dozujące podajniki wagowe jest kontrolowany przez "system dozowania w czasie rzeczywistym". Dzięki temu systemowi sterowania, pożądany skład mieszanki będzie zgodny z wcześniej ustalonymi proporcjami przez cały czas trwania operacji. Specjalnie zaprojektowane pojemniki do pracy z bardzo drobnymi rudami żelaza zapobiegają powstawaniu, mostkowaniu i minimalizują potencjalne problemy z wypływem.

Wszystkie surowce, takie jak kafelki rudy żelaza, BF Powrót spiekalniczy, kafelki wapienne, kafelki dolomitowe i koksowe są transportowane z systemu transportu surowców za pomocą przenośnika taśmowego w środkach transportu mechanicznego i przechowywane w różnych pojemnikach w spiekalni.

Każdy pojemnik jest wyposażony w urządzenie do monitorowania poziomu za pomocą czujników wagowych. Wynik tej operacji pomiarowej jest bezpośrednio przeliczany na wskazanie poziomu w koszu jako procent wypełnienia.

Główne korzyści

Doskonała homogeniczność surowej mieszanki
Wyższa precyzja w dozowaniu surowców
Większa elastyczność w zmianie surowca
Przepisów w najkrótszym możliwym czasie

Surowce Pojemniki

Pojemniki	Opis
Grzywny za rudę żelaza BF Grzywny powrotne	Z zakładu przeładunku surowców do pojemników dozujących za pomocą przenośnika taśmowego wykonano transport drobnicy rudy żelaza i powrót drobnicy wielkopiecowej.
ESP Pył	Transport pyłu ESP odbywał się za pomocą przenośnika łańcuchowego ESP procesowego i odpylającego ESP. do pojemników ESP do recyklingu.
Grzywny wapienne Grzywny dolomitowe	Osełki wapienne i dolomitowe są transportowane z RMHS do pojemników na wapień / Dolomit za pomocą przenośnika taśmowego.
Grzywny koksowe	Mąka koksowa jest transportowana z RMHS do odpowiedniego kosza podającego przez przenośnik taśmowy.

Surowce wsadowe, takie jak miałki rudy żelaza, powrót BF, miałki wapienne, miałki dolomitowe i miałki koksowe w odpowiednich proporcjach są pobierane do wspólnego przenośnika taśmowego przez podajniki wagowe i podawane do bębna mieszalniczego i nebulizującego.

Surowce Pojemniki

System dozowania wapna hydratyzowanego

Zbadano strukturę granulatu oraz właściwości złoża upakowanego w szerokim zakresie poziomów dodatku wody i wapna hydratyzowanego. Przy tej samej zawartości wilgoci, dodatek bardziej uwodnionego wapna poprawił wydajność granulacji, tworząc bardziej spójną warstwę początkową na powierzchni cząstek jąder i wytwarzając więcej aglomeracji podczas granulacji. Pusta krzywa wieku-wilgotności złoża może być podzielona na trzy regiony, a krzywa ta stała się bardziej płaska z wyższym poziomem dodatku wapna hydratyzowanego. Zaproponowano bardziej mechaniczny model wieku pustego złoża [$\varepsilon = \varepsilon 0 + (1-\varepsilon 0)\exp(-mR-n)$, $\varepsilon 0 = 0{,}36\times(\varepsilon\sigma)^{-0{,}3209}$], który przedstawia wpływ sił kohezyjnych i możliwości odkształcania granulatu poprzez powiązanie wieku pustego z rozrzutem rozkładu wymiarów granulatu (σ) oraz stosunku masy przylegającej (R). Dla badanej mieszanki rud z regionu Azji i Pacyfiku, dodając wapno hydratyzowane znacząco poprawiła przepuszczalność złoża dzięki zwiększeniu wielkości granulek i wieku pustki złożowej. Istnieje jednak wartość nasycenia dozowania spoiwa stałego. Działanie poprawiające jest ograniczone do 3 % wagowych, ponieważ dalsze zwiększanie ilości dodawanego wapna hydratyzowanego nie przynosi dalszych korzyści dla wieku bezściężnego łóżka.

W systemie tym drobiny wapna kalcynowanego (o wielkości 0 - 03 mm) należy stosować w pojemniku magazynowym i transportować pneumatycznie do mieszania preparatu Surowej mieszanki w wymaganym stosunku.

System dozowania wapna hydratyzowanego

Mieszanie i nebulizacja

Doskonała jednorodność i wysoka przepuszczalność mieszanki surowców spiekanych są decydującymi czynnikami w osiągnięciu wysokiej wydajności i jakości spiekania przy zmniejszonym zużyciu energii. W konwencjonalnym bębnie mieszającym można uzyskać jedynie bardzo ograniczoną homogeniczność spiekanej mieszanki surowej. Aby rozwiązać ten problem, opracowano system intensywnego mieszania i granulacji, który składa się z intensywnego mieszalnika i kruszywa do granulacji. Spiek Surowce (takie jak rudy grube i drobne żelaza, drobne rudy/pellety, dodatki, pyły, paliwa stałe, proszek zwrotny i materiały pochodzące z recyklingu z huty) są stale wprowadzane do intensywnego mieszalnika o dużej prędkości, w którym odbywa się makro- i mikromieszanie spiekanej mieszanki surowców.

Za mieszarką materiał jest transportowany do bębna lub intensywnego granulatora, gdzie następuje granulacja materiału. Urządzenia mieszające mogą być indywidualnie regulowane
do zmieniających się wymagań. Testy rusztów spiekalniczych mogą być wykonywane z użyciem rzeczywistych surowców w celu wsparcia przewidywanej wydajności zakładu przy pomocy proponowanych urządzeń.

Główne korzyści

Doskonała jednorodność w wyniku burzliwego mieszania i lepszego przygotowania spieku
surowa mieszanka.
Zdolność do mieszania wyższych proporcji rudy żelaza z ultra drobnymi ziarnami (peletami)
Lepsza jakość spieków przy zmniejszonych odchyleniach standardowych (większa jednorodność)
Zmniejszone zużycie koksu
Wstępne mieszanie / mieszanie jardów nie jest potrzebne
Faza nodulizacji w intensywnym granulatorze jest możliwa
Predictable plant performance due to potate ruszt testy

Mieszanie i nodulizacja bębna

System mieżżżniż i granulacji

Przesiewanie warstw serca i grzywien powrotnych

Po schłodzeniu, produkt spiekany jest podawany do stacji kruszenia i przesiewania. Tam materiał jest redukowany do trzech różnych zastosowań: zwrot kar pieniężnych do proces spiekania, warstwa paleniska i obciążenie wielkiego pieca. Małe cząstki ziarna są recyrkulowane z powrotem do procesu spiekania, cząstki średniej wielkości są zazwyczaj wykorzystywane jako palenisko.
warstwa chroniąca wózki paletowe, a większe cząstki są transportowane do wielkiego pieca.

Główne korzyści

Wysoka wydajność (niedowymiarowe / nadwymiarowe ziarna < 5 procent każde)
Zmniejszone zużycie wózków paletowych i zwiększona przepuszczalność dzięki warstwie paleniska

Redukcja przestojów konserwacyjnych w zakładzie
Smooth handling of the sinter material

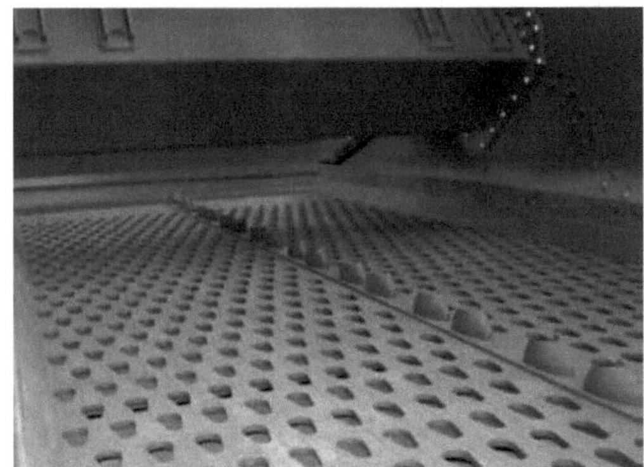

Sinter Screen

Warstwa podstawowa

Warstwa paleniska ma w zasadzie jedną, niekrytyczną funkcję, którą jest zapobieganie uszkodzeniom wózków paletowych i prętów kratowych spowodowanym spiekaniem ciasta do paleniska. Zauważono, że niektóre mieszanki spiekalnicze wykonane z określonych rud żelaza niskiego gatunku nie wymagają nawet warstwy paleniska. Zazwyczaj spodziewany jest bardzo nieznaczny wpływ grubości warstwy paleniska i rozkładu wielkości na przepuszczalność spieku, ale dla wszystkich praktycznych celów pozostają one nieistotne. Istnieje jednak jedno zastrzeżenie, które pojawia się podczas pracy spiekalni, a mianowicie, że może pojawić się problem z ciągłością zasilania warstwy paleniska recyrkulacyjnego. Czasami nie ma wystarczającej ilości odpowiedniego zakresu rozmiarów, aby zasilić warstwę paleniska. W takim przypadku istnieje konieczność kontroli procesu kruszenia spiekalniczego w dalszej części procesu spiekania.

Spiekarka Hearth Layer Sinter(+10mm - 20mm) transportowana jest do pojemnika na warstwę paleniska w celu rozłożenia na palecie maszyny spiekalniczej przed załadunkiem zielonej mieszanki.

Zwroty Grzywny

Współczynnik czystości spiekania jest parametrem, który określa wydajność procesu spiekania. Dlatego też można powiedzieć, że ideałem jest dążenie do uzyskania stosunku 1, w którym ilość generowanych kar pieniężnych jest równa ilości zwracanej paszy zielonej, a proces jest w równowadze. W procesie spiekania współczynnik drobnoziarnistości spiekania może na ogół wahać się od 0,95 do 1,05, co powoduje konieczność przechowywania w buforze.

Mąki powracające spiekane poniżej -5 mm z sita zwrotnego Mąki powracające są również ładowane do mieszanki surowej przez przenośnik taśmowy lub wewnętrzny bunkier powrotny Mąki powracające do obiegu wewnętrznego.

Piec zapłonowy

Piec zapłonowy w maszynie spiekalniczej można opisać jako stalową skrzynię z okładziną ogniotrwałą, w której znajdują się dwa lub więcej przeciwległych poziomo palników. Jako źródło ciepła można stosować dowolny rodzaj paliwa, taki jak paliwo gazowe (gaz koksowniczy, gaz wielkopiecowy, gaz mieszany lub gaz ziemny itp.), paliwa płynne lub paliwa stałe (węgiel sproszkowany). Pionowo sterowane drzwi zamykają powierzchnie pieca zapłonowego aż do najwyższego poziomu zielonego zasilania, w celu zminimalizowania strat ciepła. Celem pieca zapłonowego jest zapalenie górnej warstwy poprzez zapalenie węgla z bryzy koksowniczej w zielonym zasilaniu.
W celu spełnienia powyższych wymagań, piec zapłonowy powinien być wyposażony w następujące elementy.

Płomień palników ma pracować z małą prędkością, aby uniknąć zakłócenia zielone łóżko do karmienia.

Płomień o płaskim kształcie jest korzystny dla szybkiego i równomiernego zapłonu zielonej paszy.

Odpowiedni przepis jest niezbędny, aby uzyskać kontrolowany dopływ powietrza chłodzącego do palników
w celu osiągnięcia pożądanej temperatury płomienia.

Muszą być dostępne odpowiednie regulatory palników, które są łatwe w obsłudze.

Wszystkie regulatory pieca mają być niezawodne.

Płomienie pilotowe mają być niezawodne, np. jeśli palniki są zasilane gazem o niskiej zawartości i/lub
zmienna wartość opałowa, jak gaz wielkopiecowy lub gaz mieszany, wtedy płomieniem pilotowym ma być
zasilany gazem płynnym (LPG).

Piec zapłonowy

Spiekarka

Właściwa maszyna spiekalnicza pozostaje rdzeniem technologii spiekania i posiada główne elementy, a mianowicie: wózki Pellet, napęd nici spiekalniczej, mechanizm odbioru i crash deck. Poniżej opisano zarysy wymagań projektowych i podejścia inżynieryjnego dla tych komponentów maszyny spiekającej.

Wózki paletowe

Wózki paletowe transportują zielony materiał wsadowy wzdłuż pasma maszyny oraz nad wiatrakami (gdzie występuje podciśnienie systemowe), podczas gdy proces spiekania zielonego materiału wsadowego odbywa się. Pasmo spiekalnicze składa się z kilku wózków z peletami i ze względu na swój ruch może być traktowane jako niepołączony, niekończący się łańcuch. W związku z tym wózki paletowe podlegają naprężeniom wynikającym z następujących czynników.

Narażenie na cykliczne zmiany temperatury spowodowane wysokimi temperaturami po spiekanej (górnej) stronie splotu oraz chłodzenie samochodów odbywające się po stronie powrotnej (dolnej) sekcji splotu.

Narażenie na cykliczne obciążenia statyczne od masy zielonej paszy/spieku.

Narażenie na cykliczne obciążenia dynamiczne pochodzące od sił przekazywanych przez koła napędowe, a także przez wózki paletowe na siebie nawzajem.

Chociaż rozwój maszyn spiekalniczych typu "strand" i materiałów, z których wykonane są ich elementy, trwa już od ponad stu lat, to jednak faktem jest, że wyżej wymienione wysokie wymagania powodują zmęczenie najbardziej odpowiednich materiałów (sferoidalnych, grafitu płatkowego, żeliwa białego itp.) w ograniczonej liczbie cykli. Dlatego też wiele spiekalni zazwyczaj sporządza plany wymiany samochodów na pelety w oparciu o średni okres eksploatacji wynoszący 10 lat, czyli nieco mniej niż 330 dni w roku.

Wybór materiałów i kształtów części składowych wózków paletowych jest dodatkowo określony wymogami, a mianowicie: (i) minimalnego spadku ciśnienia przez pręty rusztu, (ii) maksymalnej odporności na ścieranie prętów rusztu, (iii) maksymalnej plastyczności i odporności na ścieranie płyt policzkowych w odniesieniu do ruchu posuwu zielonego i materiału spiekanego w stosunku do tego samego, oraz (iv) szybkiej wymiany zużytych lub w inny sposób niezdatnych do użytku części przez personel, który nie posiada pełnych kwalifikacji.

Napęd dla nici spiekanej

Wózki paletowe, które nie są połączone, są popychane wzdłuż górnej części ramy maszyny przez koła napędowe, które są wyposażone w tarcze skurczowe na wspólnym wale. Koła łańcuchowe są zazwyczaj wyposażone w wymienne segmenty zębów, odlewane precyzyjnie ze stali specjalnych. Uzębienie toczy się na wewnętrznych kołach

zespołów czopu osi, z których cztery są przymocowane do każdego wózka paletowego. Koła zewnętrzne zespołów zwrotnicy służą do prowadzenia palet w ich punktach zwrotnych, tj. na stanowiskach napędu i rozładunku, natomiast koła wewnętrzne przenoszą obciążenia statyczne i dynamiczne w miarę przesuwania się palet po splocie.
Napęd nici spiekanej zwykle nie jest umieszczony na końcu wylotu nici, ze względu na ciepło i łatwość konserwacji. Do wyboru są (i) elektromechaniczne, z napędem o zmiennej prędkości obrotowej, lub (ii) elektrohydrauliczne, z pompą lub silnikiem o zmiennej wydajności. Możliwe jest użycie dwóch lub jednego napędu. Głównymi przyczynami wyboru napędów i układów napędowych są: (i) redukcja obciążeń poprzecznych poprzez zastosowanie przekładni planetarnych montowanych na wale, (ii) zakres prędkości obrotowych oraz (iii) możliwość konserwacji.

Mechanizm przyjmowania

Mechanizm odbioru służy do wyrównywania różnicowej rozszerzalności cieplnej między ruchomymi wózkami paletowymi a ramą wraz z szynami i skrzyniopaletami maszyny spiekającej, przy jednoczesnym zachowaniu odpowiedniego nacisku w celu uniknięcia rozdzielenia powierzchni czołowych korpusu palety. Mechanizmy odbioru są na ogół automatyczne za pomocą przeciwwagi/ciągła lub z systemem hydraulicznym. Korzyści płynące z hydrauliki

(i) można utrzymać minimalny nacisk w celu zmniejszenia zużycia ciernego pomiędzy powierzchniami czołowymi korpusu palety, oraz (ii) wymiana zespołów pojedynczej palety (otwarcie splotu) jest ułatwiona dzięki zastosowaniu cylindra (lub cylindrów) o podwójnym działaniu.

Konstruktorzy maszyn z ważnych powodów technicznych zazwyczaj przewidują dla splotów dużych maszyn mechanizmy odbioru, które znajdują się na końcu wylotu splotu. Jednak w przypadku pasm mniejszych maszyn, bardziej realistyczne jest zapewnienie mechanizmów odbioru po stronie zimnego napędu. W obu przypadkach odpowiedni mechanizm ma być zaprojektowany jako jednostka ruchoma, zamontowana na układzie koło/szyna lub zawieszona na nim. Niezbędny jest dokładny mechanizm prowadzący, który umożliwia ustawienie stacji napędowej na linii środkowej pasma.

Spiekarka

Odpylanie gazów odlotowych z procesów technologicznych i instalacji

Źródłem emisji w spiekalni są:
- Gaz odlotowy z procesów technologicznych
- Odpylanie roślin
- Emisje ulotne z różnych procesów, takich jak dozowanie surowców, mieszanie & Nodulizacja, nici spiekane, chłodnica spiekana i przesiewanie.

Odpylanie gazów odlotowych z procesów technologicznych

Gaz odlotowy z maszyny spiekalniczej doprowadzany jest przez magistralę gazu procesowego do urządzeń oczyszczających na bazie elektrofiltra gazowego. Elektrycznie sterowane zawory wielostożkowe znajdują się pod magistralą spalin procesowych. Materiał zebrany w magistrali gazowej jest podawany na przenośniki taśmowe za pomocą tych zaworów stożkowych. Materiał ten jest następnie poddawany recyklingowi. Przenośniki łańcuchowe są instalowane pod lejem ESP gazu procesowego w celu odbioru wyładowanego drobnego pyłu. Zbiorcze przenośniki łańcuchowe są wyposażone w podwójne zawory stożkowe po stronie tłocznej w celu właściwego uszczelnienia przed atmosferą. Pył wydobywający się z tych dwustożkowych zaworów jest przenoszony do pojemnika na pył ESP w celu oczyszczenia z pyłu, a oczyszczony pył jest poddawany recyklingowi.

W przypadku elektrostatycznego wzbogacania pyłu filtra w alkalia i metale ciężkie możliwe jest zmniejszenie stężenia poprzez czasowe otwarcie obwodu. Oznacza to, że pył wydzielany na ostatnich polach ESP będzie usuwany poprzez odciąg za pomocą przenośnika łańcuchowego, podwójnego zaworu stożkowego i rynny teleskopowej, umieszczany w specjalnych pojemnikach i wywożony ciężarówkami na wysypiska śmieci. Odpylanie procesowe ESP obsługuje gaz procesowy do maksymalnej temperatury 200OC. Poniższa fotografia przedstawia proces odpylania gazu procesowego ESP i komina

Roślinne Odpylanie

Obciążone pyłem powietrze z maszyny spiekalniczej, kruszarki spiekalniczej na zimno, przesiewacza spiekalniczego i różnego rodzaju transferu materiału
punkty w zakładzie są odciągane przez system kanałów połączonych z wentylatorem i poddawane czyszczeniu w
Elektrostatyczny elektrofiltr. Pył zebrany w zakładzie odpylającym ESP jest transportowany za pomocą rynnowych przenośników łańcuchowych i odsysany za pomocą zaworu wahadłowego do wspólnego pojemnika na pył ESP. Zakres temperatury gazu odpylającego wynosi 60~90 OC.

Przetwarzanie i recykling pyłu

Odessany pył ze zwykłego pojemnika na pył ESP jest zwilżany i granulowany w małym zbiorniku typu nodulizer, a następnie dodawany do mieszanki spiekalniczej przed mieszalnikiem.

Stack

Komin dla gazów odlotowych z procesu i odpylania instalacji ma odpowiednią wysokość i proces.

Komin gazu odlotowego jest całkowicie wyłożony cegłą, ponieważ spodziewane jest znaczne stężenie SO2 w gazie odlotowym. Siarka pochodzi głównie z paliwa stałego i materiałów do recyklingu.

Gaz odlotowy przetworzony ESP

Chłodnica spiekana z alternatywnym odzyskiem ciepła

Zsuwnia ładująca Advance Cooler Charging Chute

Zaawansowana konstrukcja rynny zasypowej chłodnicy zapewnia bardziej równomierne rozłożenie spieku na chłodnicy, utrzymując elementy o większych średnicach w pobliżu dna i mniejsze na górze. Zwiększa to wydajność chłodzenia, zmniejsza zużycie energii przez wentylatory i zapobiega uszkodzeniom powiązanego sprzętu.

Okrągła chłodziarka DIP Rail

Chłodnica spiekalnicza została zaprojektowana w oparciu o technologię koryta z rusztem w celu spełnienia wymagań dotyczących wyższej wydajności i niższego zużycia energii elektrycznej. Konstrukcja rusztowo-skrzydełkowa posiada specjalne gumowe uszczelki pomiędzy ruchomym korytem chłodnicy a systemem kanałów powietrznych, które zapewniają bardziej efektywne wykorzystanie powietrza chłodzącego.

Zastosowanie nowej konstrukcji do istniejącej, konwencjonalnej, okrągłej chłodnicy spiekalniczej pozwala na zwiększenie wydajności chłodniczej o około 15 procent bez zwiększania ilości powietrza chłodzącego i utrzymanie istniejącej konstrukcji z niewielkimi zmianami.

System odzysku ciepła

W celu dalszej poprawy efektywności energetycznej spiekalni dostępne są różne rodzaje systemów odzysku ciepła, które mogą być instalowane w chłodni spiekalniczej, gdzie ciepło jawne
z powietrza zewnętrznego jest używany do wytwarzania energii elektrycznej lub pary technologicznej.

Istnieją trzy możliwe opcje odzyskiwania ciepła z chłodnicy:

Wstępne podgrzanie powietrza do spalania w piecu zapłonowym i podgrzanie świeżo zapalonego **spieku**
Selektywny system recyrkulacji gazów odlotowych, zapewniający oszczędność koksu i CO2
Instalacja odzysku ciepła z odpadów do wytwarzania pary i/lub energii elektrycznej

Główne korzyści

Niższe koszty inwestycyjne i operacyjne
Spadek zużycia energii specyficznej
Wyższa sprawność chłodzenia, powodująca zmniejszenie ilości specyficznego powietrza chłodzącego
Smooth sinter handling
Odzyskiwanie ciepła jawnego przy chłodnicy

Chłodnica spiekalnicza

Obsługa produktów spiekanych

Spiekalnie aglomerują drobne cząstki rudy żelaza (pył), z innymi drobnymi materiałami w wysokich temperaturach, aby stworzyć produkt, który może być stosowany w wielkim piecu. Końcowy produkt, tzw. spiek, jest następnie używany do przetwarzania żelaza na stal. Spiek jest małą, nieregularną grudką żelaza zmieszaną z niewielkimi ilościami innych minerałów. W procesie spiekania materiały składowe łączą się w jedną porowatą masę przy niewielkich zmianach właściwości chemicznych składników. Na wyjściu z maszyny spiekalniczej materiał jest rozbijany na mniejsze kawałki za pomocą młotka i chłodzony wymuszonym strumieniem powietrza. Na wylocie chłodnicy spiekalniczej temperatury są nadal wysokie i wynoszą od 400 do 700 °C, dlatego też gorący spiek może być transportowany tylko za pomocą przenośnika, który jest w stanie wytrzymać bardzo wysokie temperatury. Co więcej, spiek jest materiałem bardzo abrazyjnym, działającym z czasem jak mikro-narzędzie, które ściera powierzchnie, po których się ślizga. Ten rodzaj spieków jest również toksyczny i musi być transportowany za pomocą pyłoszczelnego przenośnika, aby zapobiec zanieczyszczeniu środowiska przez drobne cząstki i narażeniu operatorów instalacji na zagrożenia bezpieczeństwa. W przypadku tego wysokowartościowego produktu, niezawodność jest główną cechą wymaganą w przypadku każdego urządzenia przeznaczonego do pracy w spiekalniach. W rzeczywistości przymusowy przestój może okazać się niezwykle kosztowny pod względem strat w produkcji, a tym samym strat w zyskach. Dlatego też Ecobelt jest idealnym przenośnikiem do obsługi gorących spieków, zapewniającym niezawodną, bezpieczną i przyjazną dla środowiska pracę. Kluczowy element Ecobelt jest całkowicie zamknięty w stalowej obudowie, co zapobiega rozprzestrzenianiu się pyłu do środowiska. Proste mechaniczne urządzenie samoczyszczące usuwa drobne resztki z dna obudowy. Taśma Ecobelt może być wyposażona w łańcuch, który jest przenośnikiem łańcuchowym zamkniętym w niezależnej obudowie, dopasowanym do sekcji tylnej taśmy Ecobelt.

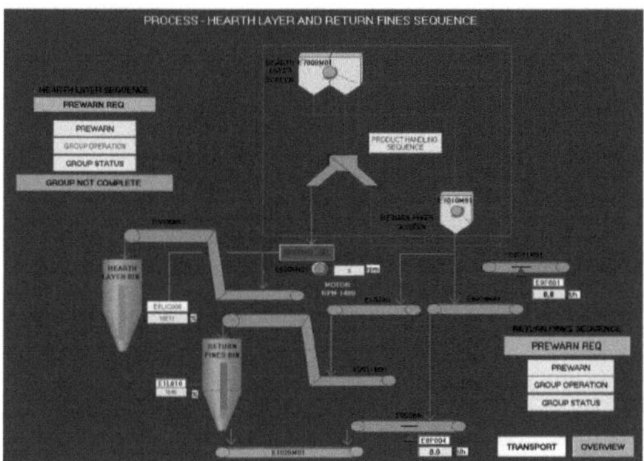

System obsługi produktów spiekanych

Analiza jakościowa

Jakość spiekania i proces spiekania rud żelaza

Spiek jest zazwyczaj głównym składnikiem wsadu wielkiego pieca (BF). Spiek składa się z wielu faz mineralnych powstających podczas procesu spiekania rud żelaza. Jakość i właściwości spieku są zależne od struktury mineralnej spieku. Ponieważ jednak warunki spiekania nie są zazwyczaj jednolite w całym spiekalniku, skład fazowy, a tym samym jakość spieku, jest różny w spiekalniku.

Struktura spieku nie jest jednolita. Składa się z porów (o różnej wielkości) i złożonego kruszywa faz mineralnych, z których każda ma inne właściwości. To właśnie połączenie tych porów i faz mineralnych oraz interakcja między nimi decyduje o jakości spieku, ale również utrudnia przewidywanie właściwości spieku. Chociaż przeprowadzono wiele badań na temat spieku, nadal nie jest jasna korelacja między składem chemicznym i mineralogią spieku a jego właściwościami i zachowaniem.

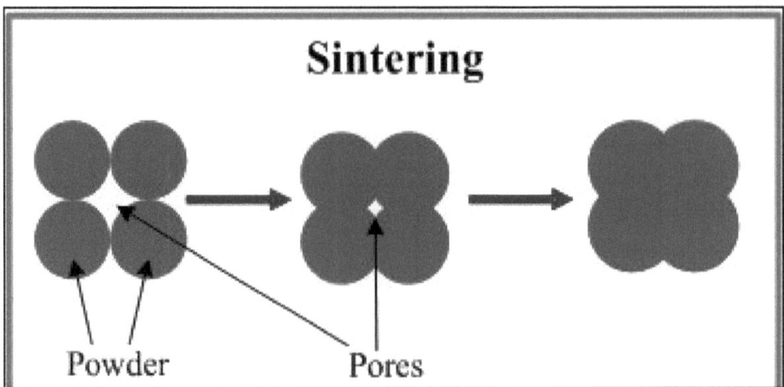

Schematy mieszanki spiekalniczej i produktu spiekanego

Schematy mieszanki spiekalniczej i spieku produktów

Proces spiekania to ogólny termin określający proces aglomeracji zielonej mieszanki rud żelaza, topników i koksu oraz stałych odpadów roślinnych o wielkości cząstek -10 mm w celu wytworzenia spieku, który jest w stanie wytrzymać ciśnienie robocze i warunki temperaturowe istniejące w BF. Odpady stałe, takie jak pyły, szlamy, żużle, wagi młyńskie itp. są wykorzystywane do ich utylizacji w mieszaninie spiekalniczej ze względu na złożoną strukturę chemiczną i składniki mineralne tych materiałów.

Podczas procesu spiekania, ponieważ spalanie drobnych cząstek koksu rozpoczyna się w temperaturze od 700 do 800 stopni C, powoduje to powstawanie gazu CO (tlenku węgla). Powierzchnia rdzenia rudy żelaza i przylegające do niego drobiny są zredukowane do magnetytu. Wraz ze wzrostem temperatury do 1100 stopni C, fazy o niskiej temperaturze topnienia takie jak Fe2O3.CaO, FeO.CaO i FeO.SiO2 powstają w wyniku reakcji ciało stałe. Na tym etapie tworzy się faza zwana SFCA (krzemoferynian wapnia i aluminium). SFCA jest identyfikowany jako roztwór stały CaO.2Fe2O3 z niewielkimi ilościami rozpuszczonego $Al2O3$ i $SiO2$. Ta faza jest uważana za złożoną fazę czwartorzędu.

Podczas procesu spiekania relacje fazowe równowagi nie są normalnie osiągane ze względu na front płomieniowy, który szybko przechodzi przez złoże spiekalnicze. Powoduje to wysoki stopień heterogeniczności spieku i powstawanie faz nierównoważnych, które nie są oczekiwane ze względów termodynamicznych. W związku z tym skład spieku różni się w poszczególnych miejscach w materiale sypkim, w zależności od charakteru poszczególnych cząstek rudy i topnika oraz zakresu reakcji między nimi.

Makroskopowo spiek ma niejednolitą strukturę z dużymi nieregularnymi porami. Pod względem mikroskopowym składa się z faz wiązania, cząstek rudy reliktowej, pozostałych faz szklistych oraz bardzo małych niejednorodnych porów i pęknięć. W zależności od różnych parametrów, takich jak temperatura, skład, ciśnienie cząstkowe tlenu, czas i atmosfera, różne fazy tworzą się w różnych proporcjach, podczas gdy rozwijają się różne morfologie. Morfologia zasadniczo odzwierciedla sposób powstawania i jest związana z określonym składem chemicznym, szybkością nagrzewania i chłodzenia spieku.

Akularny SFCA zaczyna się tworzyć poniżej 1185 stopni C; gdy temperatura wzrośnie do 1245 stopni C, nieprzereagowany hematyt znika, a rozmiar kryształu SFCA wzrasta. SFCA zaczyna się rozpadać, gdy temperatura przekracza 1300 stopni C tworząc hematyt, gdy ciśnienie cząstkowe tlenu jest wysokie, a temperatura niższa niż 1350 stopni C, oraz magnetyt, gdy ciśnienie cząstkowe tlenu jest niskie, a temperatura wyższa niż 1350 stopni C, przy czym składniki żużla są rozprowadzane do stopu.

Rozkład SFCA jest wzmocniony przez wydłużony czas powyżej temperatury rozkładu i podwyższoną temperaturę maksymalną.

W procesie spiekania, powyższe reakcje chemiczne zachodzą w wysokich temperaturach, co powoduje powstanie fazy topnienia, która jest wykorzystywana podczas stałych reakcji ciekłych do asymilacji i łączenia razem drobnych i topników rudy żelaza. Podczas tego procesu powstawanie stopu następuje w przedniej części płomienia, gdzie temperatura wynosi powyżej 1100 stopni C. Stop topi się, stając się fazami wiążącymi, które stanowią większość innych faz w spieku. Główna faza klejenia składa się zazwyczaj z SFCA .
Istotną rolę w procesie spiekania odgrywa objętość fazy topnienia. Nadmierne topnienie prowadzi do uzyskania jednorodnej szklistej struktury, która ma niską zdolność redukcyjną, podczas gdy bardzo niskie stężenie topnienia powoduje niedostateczną wytrzymałość, co skutkuje dużą ilością finiszingu zwrotnego.

Reakcje chemiczne podczas spiekania prowadzą do powstania spiekanego ciasta, które jest materiałem wielofazowym o niejednorodnej mikrostrukturze. Składa się z kilku faz mineralnych, z których główne fazy to hematyt, magnetyt, ruda żelaza, SFCA, krzemian dwuwapniowy i faza szklista. Mineralogiczny rozkład różnych faz określa mikrostrukturę spieku, która nadaje mu jakość spieku, np. wytrzymałość mechaniczną i jego zachowanie podczas redukcji BF. SFCA jest uważany za najważniejszy składnik fazy klejenia ze względu na jego obfitość w spieku i znaczący wpływ na jakość spieku.

Z mechanizmu spiekania wynika, że fazy spiekania powstają głównie podczas procesu spiekania w temperaturach powyżej 1100 stopni C. Dlatego też charakterystyka temperaturowo-czasowa procesu spiekania ma duży wpływ na mikrostrukturę i skład fazowy spieku.

Profil temperaturowy w złożu spiekanym charakteryzuje się stromym wzrostem do temperatury maksymalnej podczas cyklu grzewczego. Maksymalna osiągnięta temperatura jest zazwyczaj wyższa niż 1300 stopni C i może wynosić nawet 1350 stopni C. Łagodne nachylenie po osiągnięciu maksymalnej temperatury wskazuje na stosunkowo wolne chłodzenie gotowego spieku w trakcie cyklu chłodzenia.
Ze względu na zmiany przepuszczalności złoża podczas procesu spiekania uzyskuje się różne profile temperaturowe od góry do dołu w złożu spiekalniczym. Stąd tempo ogrzewania, maksymalna osiągnięta temperatura, czas przy temperaturach wyższych niż 1100 stopni C i tempo chłodzenia zazwyczaj różni się w górnej, środkowej i dolnej warstwie spiekanego złoża. Ze względu na różną charakterystykę temperaturowo-czasową występuje zmienność w fazie

kompozycja przez spiekane łóżko. Ze względu na te różnice spiek może być klasyfikowany w następujący sposób.

- Spiek górny - jest zwykle słaby i kruchy, co daje słabe plony spieku o dopuszczalnej wielkości. Spiek ten jest topiony w wysokiej temperaturze, a następnie natychmiast chłodzony. Spiek jest wypuszczany na zimno z nici spiekalniczej.

- Spiek średni - Spiek ten jest formowany w optymalnych warunkach do fuzji i wyżarzania i daje maksymalną wydajność spieku przy dopuszczalnej klasyfikacji wielkości. Spiek jest wypuszczany na zimno z nici spiekalniczej.

- Spiek dolny - Spiek ten jest wypuszczany na gorąco i jest mocno schłodzony, gdy przechodzi przez gorący wyłącznik spiekalniczy i przez sito wypływowe na chłodnicę spiekalniczą. Skutkuje to słabymi właściwościami fizycznymi, dając niższy plon spieku przy dopuszczalnej wielkości sortowania. W przypadku zastosowania chłodzenia na drutach, spiek ma prawie takie same właściwości jak spiek w warstwie środkowej.

Zwykle spiek składa się z 40-70 % objętości z tlenków żelaza, 20-50 % z ferrytów, głównie SFCA, około 10 % krzemianów dwuwapniowych i około 10 % fazy szklistej. Może również zawierać siarczki (FeS), pirokseny [(Mg,Fe)SiO3], kwarc i wapno w małych ilościach. Reakcje spiekania regulują frakcję objętościową każdej z faz mineralnych i specjalnie kontrolują stężenie i mikrostrukturę fazy SFCA. To z kolei kontroluje i poprawia właściwości spieku.

Jakość spieku odnosi się do fizycznych i metalurgicznych właściwości spieku. Jakość spieku jest zazwyczaj określana w następujący sposób.

- Wytrzymałość fizyczna lub wytrzymałość na zimno spieku w temperaturze pokojowej, mierzona w teście na rozbijanie lub bębnowanie

- Wartość wskaźnika degradacji redukcyjnej (RDI), który jest rozkładem spieku po redukcji w niskich temperaturach (550 stopni C), określona w badaniu degradacji redukcyjnej.

- Wskaźnik zdolności redukcyjnej (RI), który określa zdolność redukcyjną spieku określoną w badaniu zdolności redukcyjnej w temperaturze 900 stopni C

- Wysokotemperaturowe właściwości zmiękczania i topnienia spieku związane są z temperaturą, w której spiek zaczyna zmiękczać, topić i ociekać podczas redukcji w temperaturach powyżej 1150 stopni C.

- Wszystkie te właściwości zależą od mikrostruktury spieku, w szczególności od faz wiązania, zwłaszcza SFCA, które stanowią większość faz w obrębie spieku (do 80 %).

Wszystkie powyższe właściwości, które są zwykle oceniane na podstawie standardowych testów, są silnie związane z mineralogią, mikroskopijną i makroskopijną strukturą spieku. Odtwarzalność tych badań, które są wykonywane na cząsteczkach spieku w celu oceny ich jakości jest zatem niska ze względu na wysoki stopień zmienności składu fazowego pomiędzy cząsteczkami spieku, nawet jeśli te cząsteczki spieku są uzyskiwane z tego samego materiału luzem.
Ważną rolę odgrywa wielkość cząsteczek rudy. Zdolność asymilacji drobnych rud jest większa niż cząstek gruboziarnistych. Powierzchnia reakcji drobnych frakcji rudy żelaza

jest duża, co powoduje zwiększenie szybkości reakcji. Ale powstawanie wyższych stężeń stopu powoduje zmniejszenie płynności stopu. Stąd konieczność włączenia do mieszanki spiekalniczej cząstek gruboziarnistych w celu poprawy przepuszczalności złoża spiekalniczego, ponieważ wiąże się to ze wzrostem ruchów na dużą skalę pomiędzy cząstkami stopionymi a stałymi.

Zdolność spiekania złoża spiekalniczego, w którym zastosowano większe cząstki, poprawia się dzięki lepszej przepuszczalności złoża spiekalniczego, a także dzięki lepszym reakcjom spiekalniczym w trakcie procesu. Gdy w złożu spiekanym dostępne są większe cząstki, wokół cząstek tworzą się obszary o małej gęstości, co poprawia przepuszczalność złoża spiekanego. Ze względu na zwiększenie przepuszczalności złoża spiekanego, natężenie przepływu gazu oraz prędkość obrotowa płomienia przedniego jest większa wokół większych cząstek niż cząstek drobniejszych. W związku z tym reakcja topnienia i asymilacja zachodzi szybko wokół dużych cząstek, dzięki dużej płynności stopu.

Istotne cechy jakościowe spieku

Poniżej przedstawione są ważne cechy jakościowe spieku.

- Struktura spieku obejmuje obecność ferrytów o korzystnych właściwościach wytrzymałościowych i redukcyjności spieku. Optymalną strukturę tworzy zwykle jądro hematytowe otoczone akularną siatką ferrytową. Ta struktura jest preferowana przy pracy z wyższą spiekaną zasadowością.

- Wielkość rudy żelaza wpływa na właściwości spiekające. Wzrost wielkości rudy żelaza zwiększa wydajność spiekania, ale może nieznacznie zmniejszyć wytrzymałość tumblera i zaoszczędzić trochę koksu.

- Mineralogię spieku można łatwiej przewidzieć na podstawie jego składu chemicznego niż na podstawie jego właściwości fizycznych i chemicznych.

- Zwiększenie stężenia MgO w spieku powoduje zwiększenie ilości szpuli (tlenków glinu magnezu) i fazy szklistej. Obecność MgO w spieku poprawia RDI, ponieważ MgO stabilizuje magnetyt, a tym samym zmniejsza zawartość hematytu, powodując mniejsze naprężenia w spieku w czasie hematytu do magnetytu zmniejszenie wzrostu stężenia SiO2 w spieku zwiększa ilość całkowitego SFCA, zmniejsza stosunek SFCA akularny/kolumnowy i zawartość fazy szklistej.

- Zwiększenie zawartości Al2O3 w spieku powoduje drastyczne pogorszenie jego właściwości chemicznych i fizycznych, chociaż stężenie fazy SFCA wzrosło. Przy zwiększonej zawartości tlenku glinu znacznie zwiększa się ilość SFCA akularnego, kolumnowego i blokowego, a także znacznie zmniejsza się ilość SFCA dendrytycznego i eutektycznego.

- Zawartość MgO i SiO2 w spieku żelaznym wydaje się mieć wzajemnie powiązany wpływ na jego właściwości fizyczne i chemiczne. Przewidywanie wpływu różnych ilości MgO i SiO2 na właściwości spiekalnicze jest zatem złożone. Jedynymi wyraźnymi trendami są AI (wskaźnik ścieralności), który wzrasta wraz ze wzrostem zawartości MgO, oraz RI i AI spieku, które maleją wraz ze wzrostem zawartości SiO2 w spieku.

- Spiek o niskiej zawartości FeO (< 8 %) sprzyja lepszej zdolności redukcyjnej. Kiedy skład chemiczny mieszaniny rud jest stały, FeO może dostarczyć informacji o warunkach spiekania, w szczególności o ilości koksu. Wzrost zawartości FeO w spieku obniża (poprawia) indeks RDI. Jednakże, gdy zawartość FeO wzrasta, zmniejsza się redukowalność. Ważne jest, aby znaleźć optymalną zawartość FeO w celu poprawy RDI bez zmiany innych właściwości spiekanych.

- Forma mineralna, w której topniki są dodawane do mieszanki spiekalniczej surowca (np. tlenek w stosunku do węglanu) ma wyraźny wpływ na mineralogię i właściwości produkowanego spieku.

Ze względu na różny skład chemiczny i niejednorodny rozkład wielkości cząstek w surowcach reakcje podczas procesu spiekania są niejednorodne i wytwarzają spiek o niejednorodnej strukturze.

Zastosowanie roztworu halogenków do poprawy badań, rozwoju i innowacji spieku: studium przypadku

Streszczenie

Ważnym parametrem oceny jakości spieku w strefie niskiej temperatury (450-550°C) wielkiego pieca jest wskaźnik redukcji-odniszczenia (RDI) spieku. Dlatego też bardzo ważne jest, aby zmniejszyć nakłady na badania i rozwój spieków, które poprawiają przepuszczalność kolumny obciążenia wielkiego pieca, aby uzyskać stabilną i płynną pracę, a tym samym wysoką wydajność i niskie zużycie. W ciągu ostatnich kilku lat wielu badaczy badało i zgłaszało metodę poprawy jakości spieków poprzez dodanie roztworu halogenków na powierzchni produkowanej rudy spiekanej. Niektórzy producenci spieków ustalili również na podstawie praktyk, że natryskiwanie roztworu CaCl2 na powierzchnię spieku zmniejszy nakłady na badania i rozwój spieku.

W niniejszej pracy, w Jindal Steel & Power Ltd. z siedzibą w Raigarh, w warunkach laboratoryjnych, przeprowadzono badania nad RDI i RI (wskaźnik redukcji) spieku, który był zanurzony w różnych stężeniach roztworu CaCl2. Wyniki badań laboratoryjnych wykazały, że RDI i RI spieku zmniejszają się wraz ze wzrostem stężenia Cl-. Przy kompleksowym uwzględnieniu BIZ i B+R spieku, gdy stężenie Cl- osiągnie pewien poziom (powiedzmy X%), BIZ spieku zostaną znacznie ograniczone i jednocześnie nie będą miały wpływu na B+R. Na podstawie wyników badań laboratoryjnych wykonano badania pilotażowe instalacji, a następnie z powodzeniem wzniesiono je dla istniejącej spiekalni.

Słowa kluczowe : RDI & RI, Sinter, CaCl2, Blast Furnace

Wprowadzenie

Studium przypadku zostało ustabilizowane w Zintegrowanej Hucie, wyposażonej w światowej klasy urządzenia do produkcji stali.
i regularnie dostarcza wyroby stalowe przylegające do krajowych i zagranicznych zakładów produkcyjnych.
specyfikacje międzynarodowe. Direct Reduced Iron (DRI) z zakładu produkującego żelazo gąbczaste (największa na świecie jednostka produkcyjna żeliwa gąbczastego na bazie węgla) oraz Hot Metal from Blast.

Piec używany jest jako materiał paszowy do produkcji surowej stali. Surowa stal jest produkowana przy użyciu mieszanki DRI i Hot Metal w 3 x 100 tonowych elektrycznych piecach łukowych UHP-EBT. Piece te wyposażone są w mimośrodowy gwint dolny (EBT), lancę naddźwiękową oraz urządzenia do cięcia karbem. Stal jest rafinowana i odsiarczana w piecach ladowych do rafinacji 4 x 100 ton (LRF) o wydajności 4 x 100 ton, które są wspomagane przez 2 odgazowywacze do zbiorników próżniowych oraz odgazowywacz RH zdolny do wytwarzania próżni na poziomie niższym niż 1 mbar, do produkcji wysokowartościowych gatunków. Dzięki walcowniom do walcowania na gorąco, tj. walcowni do walcowania szyn i belek uniwersalnych (RUBM), walcowni płyt i kręgów, walcowni średniej i lekkiej konstrukcji (MLSM), walcowni walcówki (WRM) i walcowni prętów prętowych (BRM), JSPL posiada dzisiaj portfolio produktów, które zaspokajają zróżnicowane potrzeby rynku stali. Głównymi wyrobami stalowymi są zaokrąglenia, kęsy, wykroje belek, płyty, kanały, kątowniki, belki, kolumny, szyny, płyty i kręgi. Zainstalowana moc JSPL w Indiach została przedstawiona w tabeli 1.

Tabela 1: Zdolność zainstalowana JSPL, Raigarh, Indie

W Raigarh	
Elektrownia na własne potrzeby	358 MW
Zakład DRI	1.32 MTPA
Wielki piec	1.67 MTPA
Wytapialnia stali	3.25 MTPA
Spiekalnia	**2.53 MTPA**
Koksownia	0,8 MTPA
Wapno Dolo	0,32 MTPA
Młyn kolejowy i uniwersalny młyn belkowy (RUBM)	0,75 MTPA
Walcownia płyt i zwojów	1,00 MTPA
Młyn o średniej i lekkiej strukturze (MLSM)	0,7 MTPA

Spiekalnia o powierzchni 224 m2 w JSPL w Raigarh jest pod wieloma względami unikalną fabryką. M/s Outotec z Niemiec zaprojektował i dostarczył krytyczne urządzenia dla tego zakładu. Zakład ten jest oparty na najnowszej technologii spiekania. Jest on przeznaczony do produkcji 2,53 mln ton spieku brutto rocznie, tj. 320 T/godz.

Co to jest proces spiekania i spiekania

Spiekanie to proces aglomeracji, w którym ciepło wytwarzane jest poprzez spalanie paliw stałych w ruchomych złożach z luźno upakowanych cząstek, tj. rudy żelaza i innych surowców, w celu ich aglomerowania w zwartą masę porowatą.

Spiek pomaga w utylizacji karabinów powstających podczas eksploatacji górniczej lub w zakładzie. Odpady metalurgiczne, takie jak zgorzelina młyńska, pył spalinowy, odpadki wapienne, żużel LD, osady LD itp. mogą być również wykorzystywane w postaci spieków (rys. 2). Koszt i spójność jakości gorącego metalu można poprawić za pomocą spiekanego ładunku. Wydajność i wydajność wielkiego pieca wzrasta również dzięki zastosowaniu spieku.

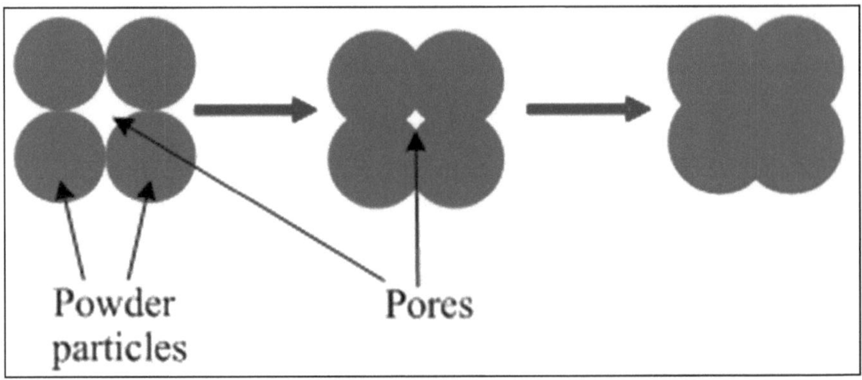

Proces spiekania

Sinter

Mechanizm badań i rozwoju oraz badań i rozwoju w dziedzinie innowacji i innowacji Usprawnienie spieku

Wytrzymałość spieku podczas redukcji (RDI) i redukowalność spieku (RI) mają większe znaczenie i zwróciły znaczną uwagę badaczy, ponieważ o wydajności pieca w dużej mierze decydują te wskaźniki. Zrozumiałe jest, że drobiny powstałe wewnątrz pieca w strefie komina lub podczas redukcji wpływają na przepuszczalność strefy komina, zwiększają spadek ciśnienia i zakłócają dystrybucję gazu. Wszystkie te czynniki powodują spadek prędkości jazdy i niekorzystnie wpływają na wykorzystanie CO, czego ostatecznym skutkiem jest wyższy wskaźnik koksowania i niższa wydajność.

Aby zachować niezmienioną zdolność redukcyjną spieku, bardzo ważne jest, aby zredukować wskaźnik RDI (Reduction-Degradation Index) spieku, który poprawi przepuszczalność kolumny obciążenia wielkiego pieca, tak aby osiągnąć stabilne i płynne działanie oraz utrzymać wysoką wydajność i niskie zużycie. W warunkach laboratoryjnych zaproponowano badanie wskaźnika redukcji (RDI & RI) spieku, w którym spiek był zanurzony w roztworach o różnych typach stężeń. Wynik pokazuje, że Cl- jest głównym czynnikiem zmniejszającym wartość BIZ spieku oraz zmniejszającym wartość BIZ i RI spieku wraz ze wzrostem stężenia Cl-. Dzięki kompleksowym badaniom B+R+I spieku, gdy stężenie Cl- wynosi 2%, B+R+I spieku zostaną znacznie zredukowane i będą miały wpływ na B+R+I.

BIZ spieku jest ważnym parametrem do oceny jakości spieku w strefie niskich temperatur (450-550oC) wielkiego pieca. W JSPL, w BF# 2, pożądana wartość RDI i RI spieku wynosi odpowiednio 20-25 i 59-62. W górnej części wielkiego pieca spiek redukuje się o CO i H2 powodując zjawisko degradacji w niskiej temperaturze, co zwiększy ilość pyłu na górze pieca i pogorszy przepuszczalność kolumny obciążającej, powodując niestabilną wydajność, większą szybkość koksowania, mniejszą wydajność, nierównomierny rozkład przepływu gazu. Po zredukowaniu w temperaturze 900 ^{oC}, kryształy CaCl2, które zostały wchłonięte na powierzchni spieku i na wewnętrznej ścianie porów, stopniowo ulegały ulatnianiu.

Gdyby ulatnianie się kryształków CaCl2 w zamkniętych porach zwiększyło się do pewnej ilości, ciśnienie cząstkowe gazu w lokalnych mikro-porach zamkniętych byłoby wyższe niż ciśnienie gazu redukującego z zewnątrz (CO) i trudno byłoby gaz redukujący (CO) dostać się do zamkniętych porów wewnątrz spieku. Nadmierne ulatnianie się kryształów CaCl2 blokowałoby również otwarte pory i powodowało nadmierne lokalne ciśnienie cząstkowe, a następnie zatrzymywałoby dopływ gazu redukującego. Wszystko to zmniejszyłoby efektywną powierzchnię styku gazu i spieku w czasie jednostkowym. Dlatego też tempo redukcji spieku zmniejszyłoby się w pewnym okresie czasu, prowadząc do spadku wskaźnika redukcji. Również w niskiej temperaturze, w której wzrasta stężenie CaCl2 na roztworze zanurzeniowym, CaCl2 nie może być całkowicie lotny, a pozostały CaCl2 utrudniałby redukcję Sintera.

Dlatego nadmierne zwiększenie stężenia poprawia wydajność redukcji w niskich temperaturach i wpływa jednocześnie na redukcję spieku.

Krystal CaCl2 jest wchłaniany na zewnętrznej i wewnętrznej powierzchni spieku i ma reakcję powierzchniową z Fe2O3, która hamuje przekształcanie Fe2O3 w Fe3O4. Wewnętrzne naprężenia powstające w procesie przemiany krystalicznej są zmniejszane i odpowiednio zmniejszane są nakłady na badania i rozwój spieków. Gdy stężenie jest zbyt wysokie, niepełne ulatnianie się CaCl2 wpłynie na tempo redukcji i zmniejszy się RI spieku. Wyniki eksperymentów redukcyjnych na spiekach zanurzonych w różnego rodzaju roztworach pokazują, że Cl- może zmniejszyć BIZ spieku.

Procedura eksperymentalna

Próbki spieku zastosowane w doświadczeniu pobrano ze Spiekalni, JSPL, Raigarh o wielkości 10-12,5 mm. Skład chemiczny spieku wynosił $WFe_{(T)}$ = 55 - 56,5%, WFeO = 9 - 10,5%, w_{CaO} = 9 - 10,5%, WMgO = 1,5 - 2%, WSiO2 = 4,5 - 5,5%. Podstawowość spieku mieściła się w zakresie od 1,8 do 2,3.

Przygotowanie próbek spiekanych

Zanurzenie w spieku zostało przeprowadzone w temperaturze pokojowej. 2 kg spiekanych próbek umieszczono w 2 litrowym roztworze o określonym stężeniu lub CaCl2 można rozpylić pół godziny później, próbki spiekane usunięto z roztworu i wysuszono (1050C, 4 godziny). Stężenie roztworu CaCl2 zostało zmienione z (0,30 % na 1,20 %).
Całkowita masa spieku użytego do badań RDI i RI w przebiegu wynosiła około 30 kg.

Analysis of RDI & RI of sinter

2 kg spiekanych próbek zostało spryskanych różnymi stężeniami CaCl2. W badaniu przyjęto metodę JIS do określenia badań, rozwoju i innowacji w zakresie spieku. W teście RDI ok. 500 gm spieku zostało zredukowane poprzez redukcję gazu (CO 20%; CO2 20%; N2 60%) w 5000C przez 60 min. Całkowity przepływ gazu wyniósł 15 litrów/min. Następnie N2 został użyty jako gaz ochronny, a spiek został schłodzony do

temperatury pokojowej. Następnie spiek był wkładany do małego bębna obrotowego z prędkością obrotową 30 obrotów na minutę przez 10 minut. Ostatecznie spiek został przesiany przez sito o kwadratowym otworze 3,15 mm. Udział procentowy spieków o rozmiarze mniejszym niż 3,15 mm, które dzieliły całość spieku, stanowił BIZ spieku.

W teście RI spiek został zredukowany przez gaz redukujący (CO 30 %, N2 70 %) w temperaturze 900 ^{oC} przez 180 min. Na początku 20 min redukcji, zmianę masy rejestrowano co 3 min, a następnie co 10 min. po 3 h redukcji, stosowano N2 i schładzano do temperatury pokojowej. Aparat używany do oznaczania RI i RDI spieku został przedstawiony na rysunku.

W końcu przeprowadzono analizę chemiczną i obliczono RI spieku.

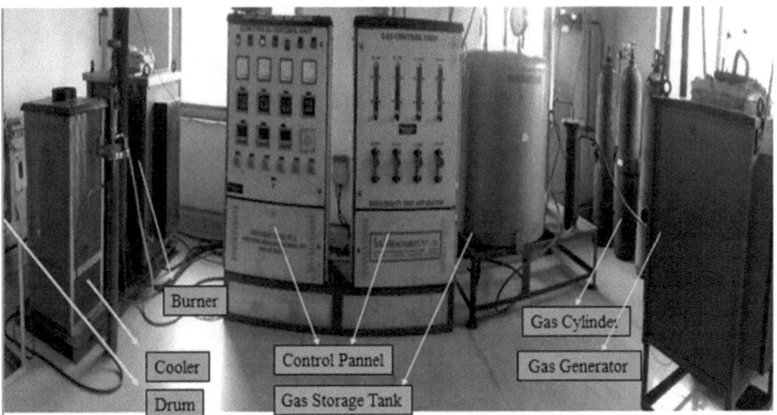

Aparatura do określania wskaźnika RI i badań, rozwoju i innowacji spieku

Wyniki i dyskusja

Wyniki badań nad redukcją spieku natryskiwanego różnymi roztworami o różnym stężeniu CaCl2 przedstawiono w tabelach 2 i 4 oraz na rys. 5.

Wartość RDI i RI próbki spiekanej przy różnym stężeniu CaCl2

% Stężenie CaCl2	B+R+I		RI	
	Przed rozpylaniem CaCl2	Po rozpyleniu CaCl2	Przed rozpylaniem CaCl2	Po rozpyleniu CaCl2
1.20	29.22	10.48	59.48	59.53
1.15	37.82	17.42	59.36	59.33
1.10	36.82	14.45	60.80	60.81
1.00	40.20	20.02	60.23	60.21
0.90	36.68	25.48	59.80	59.76
0.80	43.02	24.20	59.73	59.70
0.70	46.52	23.84	59.15	59.18
0.60	43.60	23.12	59.67	59.63
0.50	39.42	21.42	59.07	59.11
0.45	40.20	22.12	60.03	60.10
0.40	49.22	28.42	59.87	59.83
0.30	48.16	37.02	58.90	58.86

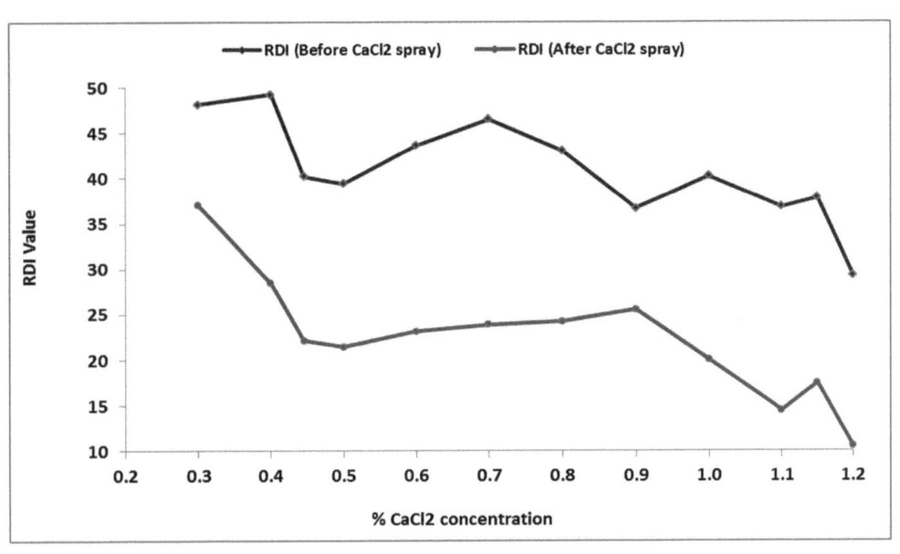

Wpływ różnych stężeń CaCl2 na wartość wskaźnika RDI spieku

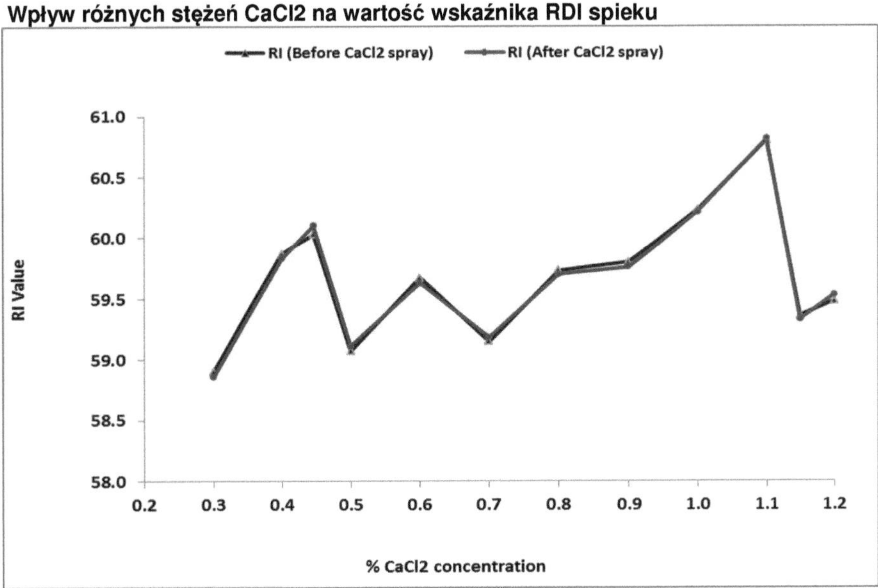

Wpływ różnych stężeń CaCl2 na wartość RI spieku

Z tabeli 2 i rysunków 4 i 5 wynika, że wraz ze wzrostem stężenia CaCl2 zmniejsza się BIZ spieku bez większego wpływu na odpowiadające mu wartości RI. Próbki spiekane w sprayu CaCl2 wykazują niższe RDI niż próbki spiekane bez warstwy CaCl2. W przypadku, gdy stężenie roztworu CaCl2 jest kontrolowane na poziomie około 0,9-1,0%, można zmniejszyć wartość BIZ spieku, a stopień redukcji pozostaje w zasadzie niezmieniony. Przy dalszym wzroście stężenia roztworu CaCl2, RI spieku nie jest zbytnio zróżnicowany, natomiast RDI spieku ulega gwałtownemu zmniejszeniu. Gdy stężenie jest wysokie, dzięki niepełnemu utlenieniu CaCl2, które wpływa na stopień redukcji, oraz zmniejszeniu się BIZ spieku.

Spiek natryskiwany roztworem CaCl2 w obszarze objętym redukcją w niskiej temperaturze 500°C, CaCl2 może nadal gromadzić się na spiekanej powierzchni. Resztki blokują mikropory na powierzchni spieku, które uszkadzają stan styku między gazami redukcyjnymi, ograniczają hematyt zmniejszający się do fazy magnetytowej i zmniejszają wewnętrzne naprężenia wynikające z rozszerzania się zmian krystalicznych, a zatem RDI jest znacznie ulepszone. Wraz ze wzrostem stężenia CaCl2 wyraźnie zmniejsza się liczba mikropęknięć spieku.

Wniosek

- Wyniki doświadczeń redukcyjnych na spiekach natryskiwanych różnymi stężeniami CaCl2 pokazują, że CaCl2 może zredukować RDI spieku bez większego wpływu na jego RI.
- Próbki spiekane w sprayu CaCl2 wykazują niższe RDI niż próbki spiekane bez warstwy CaCl2. W przypadku, gdy stężenie roztworu CaCl2 jest kontrolowane na poziomie około 1%, można zmniejszyć BIZ spieku, a stopień redukcji pozostaje w zasadzie bez zmian.
- Gdy stężenie roztworu CaCl2 będzie dalej wzrastać, ograniczeniu ulegną badania i rozwój spieku, a jego redukowalność zostanie znacznie zmniejszona. Gdy stężenie jest wysokie, wskutek niepełnego ulatniania się CaCl2, które wpływa na szybkość redukcji, zmniejsza się RI spieku.

Referencje

[1]. Loo C E., Mechanizm redukcji niskiej temperatury degradacji spieków rudy żelaza, transakcje Instytutu Górnictwa i Hutnictwa, 1994, 103(2) : 126
[2]. Yang Hua-ming, Qiu Guan-zhou, Tang Ai-dong, Effect of CaCl2 on sinter RDI, Journal of Central South University of Technology, 1998, 29(3) : 229
[3]. Pimento H P, Seshadri V., Charakterystyka struktury spieku rudy żelaza i jej zachowania podczas redukcji w niskich temperaturach, Produkcja żelaza i stali, 2002, 29 (3), 169.
[4]. Hsieh Li-heng., Effect of Raw Material Composition on the sintering Properties, ISIJ International, 2005, 45(4) 551.
[5]. Ram Pravesh Bhagat, Poprawa parametrów jakościowych superpłynnego spieku z indyjskiej rudy żelaza: NML's Experience, Proc. XII Inter. Conf. on Mineral Processing Technology (MPT-2011), Udaipur, Indie. 20-22 października 2011 r.
[6]. Effect of CaCl2 on RDI and RI of Sinter, Zhang Xu et. al., Journal of iron and steel research International, 2012, 17 (11), 07-11.

Printed by Books on Demand GmbH, Norderstedt / Germany